Peter Grayman

МОЇ ЩАСЛИВІ БДЖОЛИ

Прості та ефективні методи мого практичного бджільництва

Як я зробив бджіл щасливими

COPYRIGHT
This book was first published in 2018.
Copyright © 2018 by Peter Grayman
All rights reserved
Cover Art by Peter Grayman
Photo by Peter Grayman

No part of this book may be copied or reproduced in any form without the express written permission of the publisher. This book is licensed only for your personal use. For information contact: pg_pubn@yahoo.com

Ця книга ліцензується тільки для вашого особистого задоволення. Цю книгу не можна перепродавати або віддавати іншим людям. Якщо ви хочете поділитися цією книгою з іншою людиною, будь ласка, придбайте додаткову копію для кожного одержувача

Дякуємо за повагу до роботи цього автора.

DISCLAIMER
This book is provided for informational purposes only. This book, not the textbook and not scientific work. In this book, the author in an art form has stated the original practical approaches and non-standard views, on some questions of house beekeeping.

You should understand that this book presents author's practical experience, not professional advice for use. You and only you are fully responsible for the use and application of the information outlined in this book.

Under no circumstances will the author be liable to any party for any direct, indirect, special or other indirect damage because of any use of the information set forth in this book.

PHOTO DISCLAIMER
All models and photographs are for illustrative purposes only

З повагою та любов'ю, присвячую цю книгу моєму дорогому батьку - учителю та товаришу

ПОДЯКИ

Цієї книжки не було б без моєї коханої дружини Гузель. Її неперевершені смаколики надавали мені сили та творчої наснаги.

Я щиро дякую своєму сину Антону, який своєю прискіпливою увагою допомагав мені в роботі по удосконаленню тексту та змісту моєї розповіді.

Я дякую своєму товаришу Андрію, за його ентузіазм та активну дієву позицію. Завдяки Андрію, мій книжний проект зрушив з місця.

Я дякую своєму товаришу Олексію за щиру та дієву матеріальну підтримку мого проекту. Дякую друже, ще й за моральну підтримку, яка наповнювала серце впевненістю та вірою в успіх розпочатої справи.

Усім людям, що вклали в цю книжку частину своєї душі, та читачам, які прочитають її до кінця: велика і щира подяка!

ЗМІСТ

ПЕРЕДМОВА --- 7
НЕОБХІДНІ ПОЯСНЕННЯ АВТОРА ---------------------- 9
ЯК ЗРОБИТИ БДЖІЛ ЩАСЛИВИМИ? ------------- 15
ЯК Я ЗМІНИВ ЯКІСТЬ ЖИТТЯ СВОЇХ БДЖІЛ? 21
Які кольори я використав? ----------------------------- 22
Яку фарбу я застосував? -------------------------------- 22
Як я удосконалив фарбу ? ------------------------------ 24
ЯК Я ПОСТАВИВ ВУЛИКИ? -------------------------- 29
Установка вуликів по компасу ------------------------- 29
Вулики під кронами дерев ------------------------------ 32
Біолокація та мої бджоли ------------------------------- 33
Поради для експериментів ----------------------------- 41
ВИКАЧУВАННЯ МЕДУ --------------------------------- 45
Необхідна передмова ------------------------------------ 45
Мій метод відкачування меду ------------------------- 49
ЧОМУ БДЖОЛИ РОЯТЬСЯ? ------------------------- 57
КОРМ ДЛЯ ЩАСЛИВИХ БДЖІЛ. -------------------- 63
Моя технологія приготування корму. --------------- 63
Короткі пояснення технології -------------------------- 65
ШВИДКЕ ПЕРЕНЕСЕННЯ ВУЛИКІВ. --------------- 69
ПРОСТА І ЗРУЧНА ПОЇЛКА ------------------------- 73
ПОМИЛКА СТАРОГО ПАСІЧНИКА ------------------ 75
КІНЦЕВІ УЗАГАЛЬНЕННЯ ---------------------------- 79
ПІСЛЯМОВА --- 83
Про автора --- 85
Література -- 87

Моя щаслива бджілка за роботою по удосконаленню Світу

ПЕРЕДМОВА

Привіт, мої дорогі читачі. Мене звуть Peter Grayman, я бджоляр і у мене живуть щасливі бджоли. Мені приємно усвідомлювати той факт, що мої щасливі бджоли, роблять навколишній світ більш досконалим і більш щасливим. Відчуття причетності до бджолиної магії, дає моєму серцю радість Життя.

У цій книзі я ділюся з Вами своїми простими і ефективними методами бджільництва. Детально, з прикладами і фотографіями, розповідаю про те, як мені вдалося зробити своїх бджіл щасливими. Мої підходи і прийоми спілкування з бджолами мені здаються універсальними і тому, я вирішив їх викласти в цій невеликій книзі.

Я, не ставив перед собою завдання з написання фундаментального трактату по бджільництву. Таких книг достатньо. Я виклав лише найголовніші аспекти мого досвіду, які допомогли мені і моїм бджолам знайти щастя буття, а навколишній світ наповнився від цього теплом та гармонією.

Деякі, описані прийоми, часто не беруть до уваги навіть досвідчені бджолярі, вважаючи їх другорядними, а багато початківців, взагалі не замислюються над ними.

Все, про що я пишу перевірено на власному досвіді і має надзвичайну важливість для благополуччя бджолиної сім'ї, незалежно від того де і в якому вулику живуть бджоли.

Я буду щасливий, якщо мої практичні знахідки виявляться корисними і принесуть благополуччя Вам і вашим бджолам. Чим більше щасливих бджіл, тим більше гармонії і любові в нашому світі.

Давайте зробимо наших бджіл щасливими і будемо радіти разом з ними пісні любові і пісні радості (Song of Love is a Song of Joy), бджолиної пісні збільшення (Song of Increase).

Ласкаво запрошую до моїх щасливих бджіл.

Весняні красуні

НЕОБХІДНІ ПОЯСНЕННЯ АВТОРА

«Щоб краще в світі жилося!»
Слова із пісні

Все, про що я написав в цій невеликій книзі - можна назвати скарбничкою мого досвіду. Ці «відкриття» не впали мені з неба в один чудовий день. Всі вони з'являлися в моїй скарбничці поступово і були знайдені в досвіді, в моїх помилках і провалах, в спілкуванні з іншими бджолярами, в підручниках і книгах по бджільництву.

Я був знайомий з бджолами з самого дитинства, так, як у мого батька була невелика пасіка. З ранніх років я був залучений до робіт на пасіці, однак особливим завзяттям не відрізнявся.

Що можна очікувати від десятирічного хлопчика, який думає не про бджіл, а про радіодеталі та радіоприймачі. До слова, свій перший транзисторний радіоприймач, я зібрав в 11 років, а детекторний і того раніше.

Батько любив бджіл, і весь свій вільний час присвячував своїм вихованцям. Я ж, був у нього просто помічником. Думаю, що хорошим помічником, хоча інтереси мої лежали зовсім в іншій області.

Після швидкого відходу батька, бджоли виявилися сиротами, і я був змушений зайнятися роботами на пасіці. Так несподівано для себе, я ступив на шлях бджільництва. Це ключовий момент для подальшого розуміння всього того, що написано в цьому розділі.

Такий стан справ сильно ускладнив моє життя. На той час, я багато знав з практики бджільництва, але теоретичних знань у мене було мало.

Одна справа, коли ви поступово розвиваєтеся, в бджільництві, і ваша пасіка зростає разом з вашим досвідом. Зовсім інша справа, коли вам дістається велика кількість вуликів відразу.

Я був схожий на поганого плавця, якого кинули в воду далеко від берега. Не буду описувати всі свої труднощі, поразки і помилки. Скажу коротко. З великими труднощами я зі своїми бджолами не потонув.

На початку мені було важко не тільки від того, що я багато чого не знав, але і від того, що я цим займався вимушено. Думаю, Ви мене розумієте.

Всі Ви чудово знаєте, що робота бджоляра клопітна і складається не тільки з процесу викачування меду з вуликів. Хоча, багато споживачів меду думають саме так.

У мене бували такі ситуації, коли необхідно було вжити невідкладних заходів, а ось, як це зробити, я не знаю. А робити треба. Відкладати не можна.

Знань з цієї ситуації немає, досвіду немає і запитати нема кого. Положення було надзвичайно важке. Напевно, кожному пасічнику, доводилося потрапляти в таку пастку.

Ось саме в такі моменти в моїй голові виникало зрадницьке питання, а навіщо мені все це? Іноді опускалися руки і хотілося все кинути і забути. Однак, щось утримувало мене від такого радикального кроку.

Зараз, коли я став зовсім сивий, я розумію, що саме добра пам'ять про батька надавала мені сили в ті важкі дні мого «плавання» без рятувального круга.

Йшли роки. Збирався досвід. Накопичувалися знання. Згодом, я відчув прихильність до вже своїх бджіл, але питання: «Навіщо я тримаю бджіл?». Не давало мені спокою. Мед, як стимул, мене не цікавив. Поняття відповідальності перед справою батька, згодом актуальність втратило, так як бджоли вже стали моїми.

Відповідь була потрібен мені, для визначення доцільності свого заняття. Мені хотілося знайти важливу причину, спираючись на яку, я б міг продовжувати бджільницьку діяльність. Адже в глибині душі, я не хотів кидати цю добру справу.

Уже й не пригадаю, як так сталося, що відповідь з'явилася в моїй голові. Напевно, це сталося після того, як я прийняв рішення тримати бджіл для того, щоб в світі краще жилося. А може, рішення було прийнято на підставі знайденої відповіді.

Ця знахідка, відразу все поставила на свої місця. Я зітхнув з полегшенням, у мене з'явилася мета, я знайшов для себе сенс своєї бджолярської діяльності.

Відтепер я буду займатися бджільництвом для того, щоб в навколишній природі було більше гармонії та щастя. Щоб в Світі краще жилося.

Мої бджоли будуть невпинно працювати над цим, а я всіма своїми силами і можливостями, в міру своїх знань і умінь буду їм в цьому допомагати.

З цього моменту змінилося моє ставлення до бджіл, і запевняю Вас, ставлення моїх бджіл до мене, стало значно теплішим та добрішим. Ви і самі в цьому переконаєтеся, дочитавши книгу до кінця.

Я зробив для своїх бджіл все, про що я пишу нижче і, як мені здається, вони стали найщасливішими бджолами на всій планеті Земля. Звичайно ж, не рахуючи тих, які живуть вільним життям у природних умовах. Хоча, як сказати? Я постарався зробити для своїх бджіл умови життя не гірші, ніж у диких бджіл. При цьому вони мають мою турботу і любов, а дикі бджоли позбавлені такої турботи. Так що, хто щасливіший дикі бджоли чи мої, це спірне питання. Вирішувати вам.

Все це я виклав для повноти розуміння того, про що я пишу в цій книзі, для розуміння мого підходу до бджіл і навколишнього світу.

А ще мені хотілося звернути Вашу увагу на те, що ідея розведення бджіл заради поліпшення навколишньої природи не позбавлена сенсу і має право на існування.

Що Ви на це скажете? Мені особисто така ідея до душі.

Ви можете сміятися, але я називаю свою пасіку найвільнішою пасікою в Світі. Я не турбую бджіл частими оглядами і регулярним викачуванням меду. Мої бджоли живуть собі на втіху, вони щасливі і спокійно виконують завдання по гармонізації навколишньої природи.

Я ж при цьому, відчуваю задоволення від усвідомлення причетності до бджолиної магії, яка наповнює світ любов'ю і гармонією життя.

Зробіть своїх бджіл щасливими, і вони відкриють Вам радість Життя!

Тут все зроблено, а тепер далі

Дружня робота – разом веселіше

ЯК ЗРОБИТИ БДЖІЛ ЩАСЛИВИМИ?

«Якби я знав, як це зробити, зробив би прямо зараз»

Для успішного ведення бджільницького господарства пасічнику необхідно знати і розбиратися в багатьох питаннях, пов'язаних з бджолами і не тільки.

Бджоляр повинен знати хвороби бджіл і методи їх лікування, розбиратися в біології і фізіології бджолиних особин зокрема і бджолиної сім'ї в цілому. Знати прийоми і способи догляду за бджолами, що живуть у вуликах, вміти робити і ремонтувати свої вулики, знати, як і коли отримувати мед. І це зовсім не повний перелік усього того, що повинен знати і вміти бджоляр.

Я не ставлю перед собою завдання висвітлювати ці та інші питання практичного бджільництва. Лише хочу підкреслити той факт, що пасічнику необхідно мати добру ерудицію. Всі ці питання в тій чи іншій мірі викладені в багатьох книгах по бджільництву.

Я ж хочу звернути Вашу увагу, мої дорогі читачі, на вельми, здавалося б, прості і незначні питання практичного бджільництва. Ці питання часто не беруть до уваги багато бджолярів, вважаючи їх другорядними і не приділяють їм належної уваги.

Однак, з подальшої оповіді Ви дізнаєтеся, що саме ці моменти є основними в питанні щастя і благополуччя бджолиної сім'ї.

Пропоную на хвилиночку відволіктися. Давайте пофантазуємо і відповімо на питання: «Що потрібно людині для того щоб прожити довге і щасливе життя?». Зупиніться, подумайте. Порахуйте до десяти. Упевнений, у Вас вже є кілька відповідей. Дуже добре. Там нижче я відповідаю на це питання. Ви зможете подумки подискутувати зі мною.

Якщо поставити це питання мільйону людей ми отримаємо, що не менше, десять мільйонів відповідей. Всі вони в тій чи іншій мірі будуть важливі і необхідні для відповіді на поставлене запитання.

Точно так, задавши мільйону бджолярів питання: «Як зробити бджіл щасливими?», Ми і в цьому випадку отримаємо, що не менше, мільйон різних відповідей. І в цьому випадку, всі вони будуть важливі при відповіді на наше головне питання.

Однак, як серед відповідей на перше питання, так і серед відповідей на друге, є всього кілька фундаментальних, засадничих відповідей або умов. Без цих, на мій погляд, найважливіших умов людина не зможе прожити довге і щасливе життя, а бджоли не зможуть мати повноту свого бджолиного щастя.

Я візьму на себе сміливість і озвучу ці найважливіші варіанти відповідей на поставлені запитання.

У першому випадку, для того щоб прожити довге і щасливе життя, людині необхідно і достатньо мати: міцне і здорове тіло, розумну голову, в якій є конкретні знання і вміння та чисту совість.

Всі інші варіанти відповідей будуть доповненням до цих трьох. Не поспішайте спростовувати моє твердження, тим більше, що воно не належить до предмету і теми бджолиного щастя безпосередньо, а тільки побічно.

Що ж стосується другого питання, то тут все набагато простіше і одночасно складніше. В ідеалі, підкреслюю в ідеалі, щоб зробити бджіл щасливими їх необхідно повернути в умови природного проживання. І залишити в спокої. Все, питання вирішене.

Однак, ми люди-бджолярі не для того переселили бджіл у вулики, щоб тепер відправляти їх назад. А якщо справи складаються так, що ми не хочемо відправляти своїх бджіл назад в ліси і поля, то висновок напрошується сам собою - нам необхідно створити умови проживання бджіл у наших вуликах такі ж, як в дуплах живих дерев та по максимуму дати їм спокій.

Один мій знайомий, старий бджоляр, любив повторювати: «Не турбуйте бджіл, і вони не будуть турбувати вас». Можливо, я передав його висловлювання не зовсім точно, проте правоту його слів я перевірив серед своїх бджіл неодноразово.

Ось, я і відповів на поставлене запитання про щасливих бджіл і озвучив дві головні умови, необхідні та достатні для успішного і щасливого розвитку бджолиної сім'ї.

Всі інші заходи щодо догляду за бджолами, безумовно, не менш важливі, ніж ці два, проте всі вони без винятку є не що інше, як важливі доповнення до цих двох. Це моє глибоке переконання, засноване на моїй практиці бджільництва.

І так, друге положення виконати легко. Для цього пасічнику треба зменшити свою «старанність» і збільшити уважність і спостережливість.

Як виконати перше положення? Як створити умови проживання бджіл у наших вуликах такі ж, як в дуплах живих дерев?

Для цього нам треба виділити, основні відмінні риси цих осель. Чому бджоли в природних умовах влаштовують свої гнізда, головним чином, в дуплах живих дерев? Спробуємо в цьому розібратися.

Причин для цього існує, очевидно, багато. Я ж зараз перерахую найважливіші і, на мій погляд, основні:

- ✓ Бджолам легко в такому житлі підтримувати стабільний клімат в будь-який пору року.
- ✓ Живе дерево надає бджолам захист від надмірного тепла та холоду.
- ✓ Живе дерево «дихає», і цей природний процес газового обміну невимушено допомагає бджолам позбавлятися надлишку вуглекислого газу і вологого повітря.
- ✓ Сім'я бджіл в об'ємі дупла захищена від впливу електричних полів [1,2,3,4,5] двічі. Деревина навколо дупла екранує природне електричне поле Землі [1], а крони дерев, заряджені

негативним зарядом, захищають простір лісу і бджіл в дуплі від атмосферної електрики [2,3,4,5].

З цього переліку ясно видно, чого ми позбавили своїх бджіл, переселивши їх у вулики з діелектричних матеріалів - сухого дерева або пластмаси.

Ми, люди-бджолярі докорінно змінили умови існування бджіл. Наші дерев'яні вулики, не мають захисних властивостей живого дерева. Вони проникні для електричного поля Землі, не можуть захистити бджіл від атмосферної електрики і від електромагнітних полів, створених нашою сучасною цивілізацією [6,7,8,9].

Я сподіваюся, на те, що мені вдалося звернути Вашу увагу на основні моменти необхідні для бджолиного щастя. А про те, як я зробив своїх бджіл щасливими Ви, мої дорогі читачі, дізнаєтеся з подальшої оповіді.

ПІДСУМОК

Для успішного і щасливого розвитку бджіл, пасічнику необхідно, перш за все подбати про комфортні умови для бджіл у вулику [15,16,17,18], та по максимуму залишити бджіл в спокої.

Не втручатися, без особливої потреби, в життя і роботу бджолиної сім'ї.

Моя щаслива бджілка – ювелірна робота

ЯК Я ЗМІНИВ ЯКІСТЬ ЖИТТЯ СВОЇХ БДЖІЛ?

Для кардинального поліпшення якості життя бджіл мені треба було застосувати комплексний підхід до питання модернізації свого бджолиного господарства.

Перший етап - це зміна фізичних властивостей моїх вуликів.

Другий етап - правильна розстановка вуликів на виділеній території.

Про розстановку вуликів Ви прочитаєте в подальшому, а зараз я зупинюся детальніше на тому, як я виконував завдання першого етапу.

Мені потрібно було по можливості наблизити умови проживання бджіл в моїх вуликах до умов проживання в дуплі живого дерева.

Для вирішення цього завдання треба було:
- ✓ Поліпшити температурний режим у вулику, захистивши його від перегріву;
- ✓ Дати можливість вулика «дихати» і при цьому не втратити властивості захисного покриття;
- ✓ Забезпечити бджіл захистом від впливів електричних полів.

Треба зауважити, що всі мої вулики на той час були пофарбовані емалевою фарбою в різні кольори. Що я зробив?

Поступово, вулик за вуликом, я зняв з поверхні емалеву фарбу. Довелося попотіти, це не легка робота. Застосовував і просту щітку, і кутову шліфувальну машину, і різного роду шкрябалки. Чистив до білого дерева.

Потім я взяв і пофарбував всі свої вулики «особливою» фарбою. Ви не повірите, такою простою дією я вирішив всі завдання першого етапу, а допомогла мені в цьому «непроста фарба».

На перший погляд рішення здається смішним, але не будемо поспішати з висновками. Давайте розберемося у всьому по порядку і не поспішаючи.

Які кольори я використав?

Ви, безумовно, знаєте, що бджоли добре розрізняють Синій, Жовтий, Чорний і Білий кольори, тому я обмежився при фарбуванні своїх вуликів саме цієї палітрою. Звичайно, чорний колір для цих цілей зовсім не годиться, і я його не застосовував.

Я пофарбував всі свої вулика білою фарбою, а передню частину навколо прильотної дошки, виділив синім або жовтим кольором для полегшення орієнтації бджіл. Біла поверхня, як відомо, добре відбиває сонячні промені. Так просто я забезпечив своїм бджолам додатковий температурний комфорт і не тільки.

Яку фарбу я застосував?

Для фарбування своїх вуликів я використав фарбу на основі водної дисперсії акрилового латексу. Акрилові фарби для дерева складаються з акрилового пігменту, води і добавок. Практично не мають запаху, вони зручні в роботі, легко змиваються з інструменту водою, швидко сохнуть.

Акрилові фарби відмінно переносять зовнішні погодні дії: перепади температур, підвищену вологість і прямі сонячні промені.

Така фарба для дерева оберігає його від гниття і розтріскування. Крім цього, ці фарби утворюють паропроникну плівку. Паропроникність акрилового покриття дуже важлива властивість для поверхні вулика. При такому покритті дерево «дихає», а значить, існує природний процес газового обміну внутрішнього об'єму вулика з зовнішнім середовищем.

Ця корисна властивість акрилових барвників наближає «кліматичні» умови всередині вулика до умов життя бджіл у природних житлах. Це перше.

Наявність паро-проникної поверхні у акрилового покриття дає можливість деревині легко позбавлятися від вологи, при цьому не виникає ефекту лущення фарбового покриття, як у випадку з емалевими або масляними фарбами. Це друге.

З акриловими фарбами легко працювати, процес фарбування відбувається швидко і приємно. Той, хто пробував, мені повірить, хто ні - спробувавши, погодиться. Це третє.

Білій акриловій фарбі легко надати потрібний колір за допомогою відповідних барвників. Це четверте.

Біла акрилова фарба відмінно відбиває сонячні променів, це п'яте.

Як я удосконалив фарбу ?

Давайте згадаємо мої попередні міркування про те, як живе дерево захищає бджолину сім'ю всередині дупла від впливу електричних полів різного походження.

На час прийняття рішення про модернізацію вуликів, мені було відомо два способи захисту бджіл від електричних полів:
- ✓ Покрити всі чотири стінки, дно і кришку вулика електропровідним матеріалом, наприклад, алюмінієм;
- ✓ Пофарбувати поверхні вуликів «металевою» фарбою, виготовленою з алюмінієвого або бронзового порошку (пудри).

Другий спосіб менш ефективний, ніж перший. Він не дозволяє створити суцільний захисний шар з розподілених, в об'ємі барвника, дрібних металевих частинок. Однак, я вибрав його, через простоту практичного застосування і універсальності отриманих результатів.

Крім цього, я неодноразово зустрічав у інтернеті розповіді бджолярів про те, що у вуликах, які були пофарбовані «металевою» фарбою, бджоли збирають більше меду та маюсь спокійну вдачу.

Що я зробив? Я додав у білу акрилову фарбу алюмінієву пудру. Тим самим надав фарбі нові властивості. Це її я називав непростою фарбою.

Водоемульсійна фарба, як правило, досить густа, тому я додавав в неї воду, так що б вона легко і приємно лягала на поверхню і не тяглася за пензлем густими смужками. Так щоб було легко і приємно її наносити на поверхню вулика. Думаю, зрозуміло, інтуїція підкаже.

Алюмінієву пудру збивав з допомогою дрилі і саморобного простого віничка. Можна взяти один вінчик від міксера.

Скільки сипав пудри? Знову ж таки, інтуїтивно, так, щоб біла фарба після інтенсивного збивання ставала світло сірою. Якщо буде трохи більше, це не зашкодить.

Перший шар фарбував «металевою» фарбою. Потім, після повного висихання, наносив шар трохи густішої білої фарби без металевої пудри, щоб поверхня ставала яскраво-білою.

Колір білої фарби, для фарбування передньої області вулика, змінював за допомогою барвників, призначених саме для цих цілей. Вони, як правило, продаються там же, де і водоемульсійна фарба. Якщо Ви запитаєте, продавець обов'язково Вам підкаже правильний вибір.

ПІДСУМОК

Я пофарбував всі свої вулики білою водоемульсійною фарбою, в яку додав алюмінієву пудру. Область прильотної дошки виділив приємними для бджолиного ока кольорами: жовтим та синім. Такими простими діями я досяг чотирьох цілей:

✓ Захистив бджіл від електричних полів [1,2,3,4,5,6,7,8,9], тим самим наблизив умови проживання бджіл у вулику до природних умов проживання в дуплі;

- ✓ Зменшив нагрів бджолиних будиночків в спекотні сонячні дні, так як біле покриття всієї поверхні вулика запобігає, перегріву навіть у найспекотніші дні;
- ✓ Забезпечив бджолині сім'ї кольоровими маркерами для спрощення просторової орієнтації;
- ✓ Забезпечив гарне, стійке до погодних умов, екологічно чисте покриття, що дозволяє «дихати» дерев'яній поверхні бджолиних будиночків і не тільки поверхні, але і всьому вулику.

Мої вулики після модернізації

Такі будиночки моїм бджолам надзвичайно подобаються. Бджоли дуже добрі (зовсім не злі) і на знак вдячності збирають для мене щедрі врожаї меду.

Порівнявши результати їх роботи до і після фарбування моїх вуликів непростою «металевою» фарбою, можу сказати, що медозбір збільшився більш ніж в 2 рази. І це не похвальба, а факт, підтверджений життям.

Що стосується спокійної вдачі моїх бджіл і доброго ставлення до мене, так Ви не повірите, вже багато років поспіль під час відбору меду мене бджоли не жалять. Бувають, звичайно, випадки, але це відбувається вкрай рідко і головним чином, якщо я випадково придушу бджолу рукою. Навіть прикро, буває. І тоді я жартома обурююся, а де ж апітерапія?

Справедливості заради треба відзначити, що таке щире ставлення бджіл викликане не тільки фарбуванням вуликів, а й іншими діями, спрямованими на створення комфорту для моїх бджіл.

Прислухаючись до їх пісень, я намагаюся ставитися до них по бджолиному. А це як? - запитаєте ви. Так це значить уважно і з любов'ю. Я їх люблю, і вони платять мені тією ж монетою.

А ось, як підтвердження слів про спокійний характер моїх щасливих бджіл, фото.

Це я, всього через півгодини після відкачування меду, відпочиваю біля своїх вуликів

Бджоли абсолютно спокійні і не турбують не мене не моїх сусідів. До слова про сусідів. За весь час свого щасливого життя мої бджоли, ні разу не дошкуляли сусідам. У всякому разі, вони не скаржилися.

Цей факт, є ще одним підтвердженням того, що щасливим бджолам немає діла до моїх сусідів.

Такою простою дією, як фарбування поверхні вулика непростою фарбою, я наблизив екологію житла бджіл до природного стану.

На жаль, для багатьох бджолярів питання фарбування вулика має далеко не перший пріоритет в списку важливих справ. Такі бджолярі програють в отриманому меді, а бджоли не можуть досягти свого бджолиного щастя і радості буття.

ЯК Я ПОСТАВИВ ВУЛИКИ?

Від того де і як стоять наші вулики залежить, як будуть працювати бджоли і що вони дадуть бджолярам.

Місцезнаходження бджолиних будиночків на місцевості, впливає на температурний режим, працездатність, настрій і продуктивність бджолиної сім'ї в цілому.

Тому, як і де поставити вулики таке ж важливе питання для забезпечення бджолиного щастя, як і питання фарбування вуликів.

На мій погляд, важливо оптимально встановити вулики щодо направлення північ-південь, при цьому, по можливості забезпечити бджіл захистом від зовнішніх природних факторів (сонце, атмосферну електрику, геопатогенні зони [10,11,12,13,14].

І так, давайте детально розглянемо, як же я встановлюю свої вулики з урахуванням вище викладених завдань щодо забезпечення бджіл максимальним комфортом.

Установка вуликів по компасу

Як встановити вулики щодо направлення північ-південь? На цей рахунок у кожного бджоляра є своя думка. А той, хто починає свою практику, часто буває збентежений від різноманітності відповідей на це питання.

Я ж вибрав для себе відповідь, виходячи зі здорового глузду і логічно обґрунтованих аргументів на користь такого рішення. Всі свої вулики я встановив льотками точно на північ. І як показала практика використання цього методу, рішення було правильне.

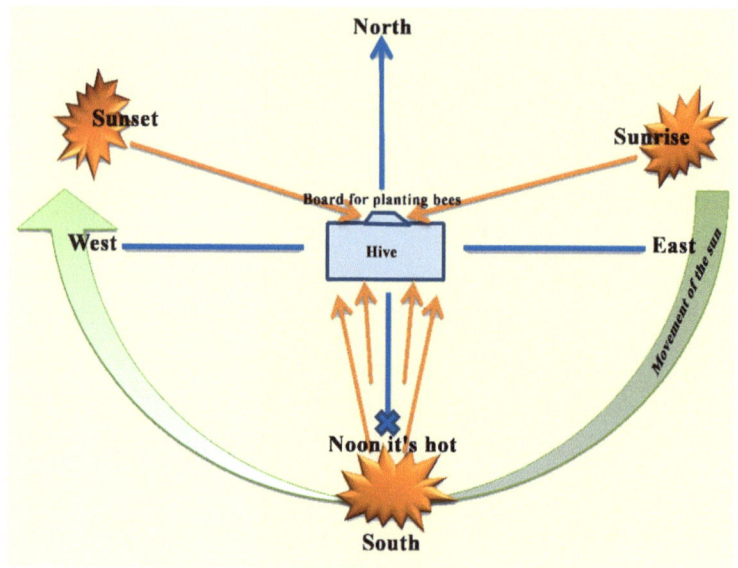

Схема установки моїх вуликів

Ось аргументи на користь саме такого розташування вуликів.

Таке розташування вулика дозволяє бджолам найбільш повно використовувати світловий день. Перші промені сонця, що сходить спонукають бджіл до роботи, а промені вечірнього сонця стимулюють бджіл продовжувати роботу практично до самого заходу сонця.

Таким чином, робочий час бджоли збільшується майже вдвічі. Можна сказати, що бджоли, при такому розташуванні вулика, працюють у дві зміни.

Перша зміна, від сходу сонця і до моменту, коли нектар випаровується жаркими променями сонця. Друга зміна, від моменту, коли промені сонця будуть падати на прилітну дошку із західного боку і до пізнього вечора.

У другій половині дня, коли сонце хилиться до заходу, деякі квіти знову виділяють нектар і бджоли з радістю збирають вечірній урожай.

Таке розташування вулика не дозволяє йому сильно нагріватися в спекотні дні. Лицьова частина з льотками і прилітними дошками взагалі не піддається нагріву в спеку. Це створює сприятливі умови для роботи і життя бджіл.

Якщо ще подбати про сонцезахист задньої стінки та кришки вулика, то Вашим бджолам, буде не страшна ніяка спека, навіть на відкритій місцевості. Наприклад, на задню стінку, можна прикріпити листок пінопласту, який заздалегідь, обклеїти алюмінієвою кухонною фольгою.

Спостерігаючи за своїми бджолами, я переконався на практиці в правоті вище викладених міркувань.

Бджоли повертаються «навантажені» медом і вранці, і ввечері. При цьому інтенсивність вечірнього льоту значно вище у тих вуликів, які стоять льотками на північ.

Використання такого методу установки бджолиних будиночків дозволяє бджолам збирати значно більше меду. Я впевнений, що мої бджоли мені вдячні за таку розстановку своїх осель, а я вдячний їм за щедрі врожаї.

Вулики під кронами дерев

На початку своєї розповіді, я вже писав про те, що крони дерев заряджені негативним електричним зарядом і захищають простір лісу від атмосферної електрики [2,3,4,5].

Тому, встановивши свої вулики під покровом дерев і кущів саду. Я захищаю бджіл від впливу атмосферної електрики і одночасно від жарких променів сонця.

І цим, не хитрим прийомом, я наближаю умови проживання моїх бджіл до природного стану.

На фото ви можете бачити невелику частину мого бджолиного двору. Вулики ховаються під гілками дерев. А за цим столом ми часто з друзями або моєю родиною влаштовуємо пікніки.

Ви, напевно, не повірите, але бджоли зовсім не звертають на нас уваги. І коли я прочитав в одному репортажі про те, як кореспондент з бджолярем спокійно обідали в 20 метрах від вуликів, то не міг стримати усмішки. Причому, ця подія описувалася, як щось незвичайне. Всього в двадцяти метрах!

Теж мені досягнення. Мій стіл стоїть в двох метрах від моїх вуликів, і я цим не хвалюся. А пишу лише для того щоб зайвий раз звернути Вашу увагу на те, що щасливим бджолам немає справи, до людей, які їх не турбують.

Біолокація та мої бджоли

Від багатьох бджолярів я чув розповіді про те, що нібито, від того місця де стоїть вулик залежить сила і продуктивність бджолиної сім'ї. Вони стверджували, що є місця, на яких бджолині сім'ї швидко ростуть, набирають силу, рідко рояться і приносять багато меду. Думаю, що багато хто з Вас звертали на це увагу.

Ще на початку моєї практики був такий випадок. Один вулик стояв так, що він мені весь час заважав пересуватися з коробкою для інвентарю і інструментів.

Взяв я його і переставив всього на півтора метра в сторону. Можна сказати, миттєво, протягом тижня обстановка в ньому змінилася.

Бджолина королева майже перестала сіяти яйця, активність бджіл зменшилася, в той час, як бджоли в інших вуликах продовжували активно працювати. Дивлюся, справи кепські.

Через тиждень сумнівів повернув вулик на колишнє місце. І що Ви думаєте? Сталося диво. У це було важко повірити, але факт був, як кажуть, на лице.

Бджоли пожвавішали, активність матки відновилася. Тоді я пояснив цей випадок розповідями старих бджолярів, які мені доводилося чути. З недосвідченості, а може і з інших причин я, не надав цьому випадку належної уваги і просто забув про нього на багато років.

Пропоную на хвилиночку відволіктися від теми оповідання. Я розповім Вам коротко, як познайомився з явищем біолокації. Ця розповідь дасть мені можливість пояснити, як я повернувся до випадку з перестановкою вулика і, як я застосував методи біолокації [22] до своїх бджіл.

З цим цікавим феноменом я познайомився в далекі студентські роки, коли ще не було мобільного зв'язку, інтернету і багатьох, звичайних сьогодні, досягнень нашої цивілізації. Тобто, це було досить давно.

Веселі студентські часи

Студенти, як відомо, народ допитливий і захопливий. Так, ось і я, якимось чином (зараз вже і не пам'ятаю) потрапив в групу ентузіастів істориків-археологів. Нами керував, на той час, знаменитий археолог. На жаль, ім'я його вже стерлося в пам'яті, але чарівність його оповідань і ентузіазм забути неможливо. Він зібрав навколо себе молодих хлопців і захопив ідеєю пошуку легендарної бібліотеки Ярослава Мудрого. Але моя історія не про наші пригоди, а про цікавий і дивовижний спосіб пошуку невидимих оку предметів та явищ. Ім'я йому - біолокація.

Я під кам'яним склепінням

Готуючись до такої захоплюючої експедиції, наша група регулярно робила вилазки в різноманітні храмові підземні споруди. Таких споруд, в околицях міста К. в ті роки, було безліч.

В одній з підземних кімнат

Ось там-то я і зустрівся з красивим і загадковим словом Біолокація [22].

Подивився на власні очі, як інструктор показував «чудеса» з пошуку підземних порожнин. А потім кожен з нас повинен був спробувати самостійно виконати те ж саме. Не знаю, як інші, але я був надзвичайно заінтригований, і потім ще не один раз переконувався в тому, що метод працює.

Дві дротини у формі літери «L», які тримали у руках, впевнено сходилися над підземними ходами. Це було так цікаво, що далі були різного роду експерименти (в студентському гуртожитку і за його межами) з пошуку електропроводів, захованих предметів і так далі і тому подібне. Було цікаво, і незрозуміло. Як же це працює?

Час летів, захоплення змінювалися, студентські роки закінчилися, а поняття «біолокація» залишилося в пам'яті, як феноменальна розвага.

Будучи за своєю природою людиною допитливою, я періодично повертався до цієї теми. Доводилося застосовувати свій невеликий досвід в цій області для пошуку місць розташування водяних пластів.

Перший раз з практичною користю, я застосував цей метод при знаходженні місця для водяної свердловини у себе у дворі.

Ось тоді я і згадав про свої студентські розваги. Зробив дві дротини у формі літери «L». Їх ще називають «рамка». Чому, не знаю. Для солідності, напевно.

Озброївшись цими «приладами», я провів сканування території двору і вказав місце для майбутньої свердловини, а також глибину до рівня води.

Всі мої прогнози були вірними. Місце було вибрано, правильно. На зазначеній глибині ми з батьком дісталися до водоносного шару.

Так я черговий раз переконався в тому, що метод працює, незважаючи на скептичне ставлення до нього багатьох теоретиків. Я ж не теоретик, а практик. Тому беру і роблю.

Потім був досвід пошуку місця для колодязя, моєму другові. Зазначене мною місце збіглося з місцем, яке вибрали професіонали, при цьому вода виявилася на зазначеній мною глибині. Що це? Збіг. Можливо, але я впевнений, метод - працює.

Я не буду вдаватися в теорію пояснення цього методу, тим більше, що припущень з цього приводу в інтернеті достатньо. Повторюю, я не теоретик, а практик. Ось власне історія мого знайомства з цим явищем і приклади його практичного застосування.

Тепер давайте повернемося до бджіл і подивимося, як я застосував свої скромні навички в цій області до бджіл. А хто захоче, той зможе застосувати цей метод і до своїх бджіл.

Стояли у мене вулики, на виділеній для цього території, випадковим чином. В такому порядку, який визначався, на мій погляд, зручністю в роботі біля них.

А ось після того, як моя пасіка стала називатися найвільнішою пасікою в Світі (про те, як це сталося, написано в розділі «Необхідні пояснення автора») я згадав випадок з перестановкою вулика на несприятливе місце.

Поміркувавши над цим випадком, вирішив встановити вулики з урахуванням, так званих, геопатогенних [10,11,12,13,14]. місць, використовуючи свої навички в біолокації.

Так, щоб моїм бджолам, взагалі нічого не заважало. Для цього мені довелося знайти свої біолокаційні «інструменти» і трохи попрактикуватися на місцевості.

Завдання було таке: знайти не просто гарне місце, а гарне місце саме для конкретного вулика.

Я взяв у руки свої дротові «рамки», і думаючи про конкретну сім'ю бджіл, яка знаходиться в конкретному вулику задався пошуковим завданням.

Подумки питання звучало так «Де найкраще місце для бджіл - ось з цього вулика?». Попередньо подумки ставив умову, що відповідь «ТАК» відповідає перехрещуванню дротяних паличок.

Рухаючись по території, засікав місце, над яким дротинки перехрещувалися. Потім неодноразово перевіряв себе.

В результаті, експеримент показав те, що дійсно, для кожної окремо взятої бджолиної сім'ї задовільне місце було знайдено тільки одне і воно не збігалося ні з однією іншою бджолиною сім'єю.

При цьому не один мій вулик не стояв на своєму кращому місці. Довелося переставити всі на їх оптимальні місця.

Я абсолютно впевнений в тому, що і цей прийом, пов'язаний з виключенням геопатогенних місць для розміщення вуликів, зробив свій вагомий внесок в благополуччя моїх щасливих бджіл.

Поради для експериментів

1. Робимо дві деталі, як на фото. Розмір короткого загину по руці, довгого в 3-4 рази довше.

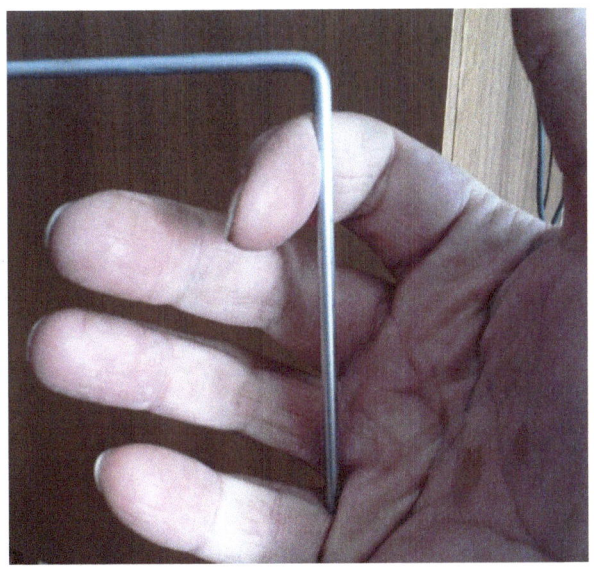

2. Укладаємо дротяну паличку в руку, так, як на фото.

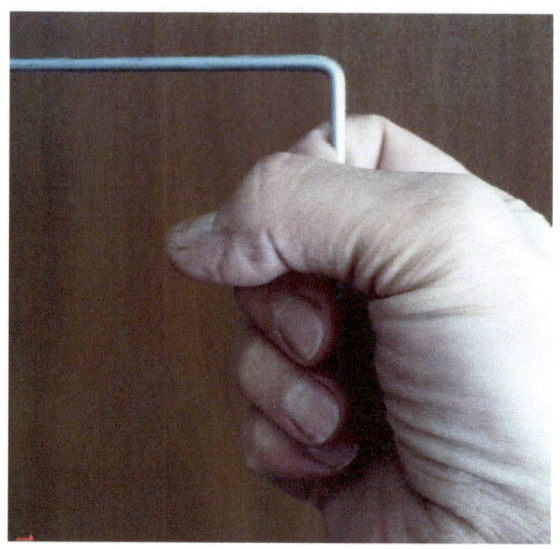

3. Не затискаючи, вільно тримаємо ці дротинки, так щоб вони легко оберталися навколо вертикальної осі.

4. Згинаємо руки в ліктях, вільно притискаємо до боків, а кисті рук з дротинками направляємо вперед перед собою. Так, щоб довга частина нашого дротяного прутика була паралельна поверхні землі. Відстань між кистями рук з прутиками 25-35 сантиметрів.

5. Подумки задаємося пошуковим питанням. У моєму випадку питання звучало так: «Де найкраще місце для бджіл - ось з цього вулика?». Попередньо, подумки ставимо умову, що відповідь «ТАК» відповідає перехрещуванню «рамок».

Задаємо подумки пошукове завдання, зосереджуємося на цьому завданні, і вперед в світ див та пригод.

Заради розваги, Ви можете спробувати, по експериментувати. Це просто цікаво. Безсумнівно, у вас все вийде так само, як вийшло і в мене. Ваші бджоли будуть Вам вдячні.

ПІДСУМОК

Коротко підсумую відповіді на питання - як і де я встановив свої вулики?

Вулики я встановив:
- ✓ «Обличчям» точно на північ;
- ✓ Під кронами дерев;
- ✓ На сприятливі місця з використанням методу біолокації.

Я впевнений, в тому, що таке розташування вуликів, ще одна причина, чому мої бджоли миролюбні, збирають багато меду і не збираються відлітати, тобто не переходять в ройовий стан. Роїння бджіл - це окрема тема і свої погляди на це питання я викладу в подальшій розповіді.

Трон Королеви

ВИКАЧУВАННЯ МЕДУ

Мій маленький помічник - можливо майбутній бджоляр

Необхідна передмова

У далекі юні роки, коли батько брав мене на пасіку в якості помічника, неодноразово доводилося спостерігати варварське ставлення бджолярів до своїх бджіл.

Я думаю, що і зараз, таке ставлення має місце, особливо на великих пасіках, там, де бджола для бджоляра «дійна корова», «машина» з виробництва меду. Хоча, до своїх корів господарі ставляться куди людяніше ніж деякі «бджолярі» до своїх бджіл.

Всі, хто хоч раз мав щастя доторкнутися до бджолиних стільників, бути присутнім або особисто проводити огляд бджолиної сім'ї, безсумнівно, помічали певний порядок в розташуванні рамок з бджолиними стільниками. І він є відображенням їх вмісту (мед, пилок, розплід). Одним словом, у вулику панує бджолиний порядок, і всі бджоли знають, що і де в цьому вулику.

А тепер уявіть собі картину. Йде процес витягання меду на пасіці з 25 вуликів (небагато, але і не мало - хто качав мед хоча б з 5 вуликів, той зрозуміє, що означає 20-25 вуликів). Це важка робота для двох бджолярів.

І ось, що мені доводилося спостерігати неодноразово. З вулика витягують ВСІ (уявіть собі, ВСІ) бджолині стільники і відносяться в будиночок для відкачки меду. Там їх без обліку та порядку готують до відкачування і відкачують мед.

Викачується весь мед, навіть з бджолиних стільників, які містять бджолиний розплід, личинки та яйця. При цьому гине не одна тисяча бджолиних яєць і личинок.

Потім ці спустошені рамки з бджолиними сотами відносять до вулика і зовсім безладно і швидко встановлюють всередину.

Ви можете уявити, що відбувається в бджолиній сім'ї після такого варварського процесу? Весь бджолиний порядок зруйнований, меду немає взагалі, половини розплоду немає, все перевернуто догори дном, катастрофа...

І таке нещастя недбайливі бджолярі влаштовують своїм бджолам кілька разів за сезон. Відшуміли травневі сади - качаємо мед. Відцвіла акація, липа, гречка (у кого що під рукою) - кожен раз викачується мед, і кожен раз катастрофа в бджолиних сім'ях повторюється.

Таке ставлення просто знущання. Яка бджолина сім'я може це пережити спокійно?

Потім такі бджолярі дивуються - чому бджоли такі злі? Чому вони жалять сусідів? І взагалі не дають підійти до своїх вуликів близько. Чому вони рояться? Чому вони такі кволі і зношені? Чому вони відлітають? А відповідь проста: «Собака буває кусючою тільки від життя собачого».

По-своєму, по-дитячому, я переживав за цих нещасних бджіл. Хоча мої дитячі переживання були недовгими, вони все ж залишили в серці свій слід. І, очевидно, зіграли важливу роль у формуванні моїх бджільницьких поглядів і переконань.

Пройшли роки, і волею долі я став бджолярем. Зараз я щасливий від того, що у мене є улюблені бджоли, які гармонізують навколишній світ, а я їм в цьому намагаюся допомагати. Усвідомлення участі в цій бджолиній місії, мені додає сили і дозволяє сподіватися на те, що я, не даремно проживаю свої дні в цьому Світі.

Ну, це все приказка, а власне історія попереду. Тепер я розповім, як я качаю мед на своїй пасіці. З чого почати? Напевно, з визначення моменту, коли пора качати мед.

Взагалі я прийняв за правило качати мед один раз в сезон, перед підготовкою сімей до зимівлі. Як правило, це я роблю після 10-15 серпня. Я не турбую своїх бджіл процесом добування меду. Тому моя пасіка вважається найвільнішою пасікою в Світі.

Однак бувають винятки. Так, якщо медовий урожай хороший, і бджолам просто нікуди складати мед, я змушений забрати надлишки і звільнити місце для меду. І так, якщо є місце для меду, я не займаюся відкачуванням меду і навпаки.

Поясню на прикладі. Відцвіли травневі сади. Погода стояла чудова, бджоли працювали старанно, і в результаті в вуликах немає порожнього місця. Що робити? Я роблю виключення зі свого правила і відкачую надлишки - звільняю місце для акації, липи і всього, того що там у мене залишилося.

Пам'ятаю, був такий урожайний рік, що мені довелося качати мед і після цвітіння акації і після липи, а потім і перед підготовкою до зими. Такий випадок був тільки один раз в моїй практиці. Рідкісне явище в наш час.

Однак, звертаю Вашу увагу, я не забираю весь мед, а тільки звільняю бджолині комори. Що значить, звільняю бджолині комори? Зараз розберемося.

Я забираю тільки той мед, що знаходиться за межами бджолиного гнізда.

Пару слів про моїх методах відбору рамок з бджолиними сотами для відкачування меду. Якщо я качаю для звільнення місця, то я відбираю мед з бджолиних комор по максимуму. Звертаю Вашу увагу, відбираю мед тільки з комор, а гніздові запаси залишаю недоторканими.

Я добре запам'ятав настанови батька про дбайливе ставлення до бджолиних стільників з бджолиним розплодом. У своїй практиці я ніколи не відбирав і не відбираю ці стільники для викачування меду.

Якщо я качаю мед перед підготовкою на зимівлю, то тут, звичайно ж, я не скуплюся і добре заповнені медом бджолині стільники залишаю бджолам. Мені ж залишаються надлишки, які неодмінно утворюються в процесі формування зимового бджолиного гнізда. Найчастіше ці надлишки утворюють пристойну кількість меду. За що я завжди кажу своїм бджілкам - ЩИРО ДЯКУЮ.

Мій метод відкачування меду

І так, дата відкачування визначена і напередодні, я роблю огляд сімей з метою виявлення тих рамок з бджолиними сотами, які завтра підуть в обробку.

Для того що б потім, при поверненні рамок, був відновлений порядок їх розташування я нумерую кожну рамку по порядку з ліва на право або навпаки (від напрямку результат не змінюється). Для цих цілей я використовую паперовий будівельний скоч. На ньому зручно робити написи, він добре тримається і легко знімається.

Потім я проводжу огляд і відбираю всі рамки з сотами заповнені медом і ті, які з медом і пилком.

Я їх просто переставляю в одну сторону, наприклад, в «хвіст» і відділяю цей склад від гнізда перегородкою (заставна дошка).

І так, що я в результаті отримую? З одного боку, гніздові бджолині стільники з медом і розплодом з іншого боку рамки тільки з медом і рамки з медом і пилком. За ніч основна маса бджіл перебирається в гніздову частину, і на відібраних рамках бджіл майже не залишається. Все, підготовка проведена.

На наступний день з ранку я починаю процес викачування меду. Власне це вже просто перенесення рамок з медовими сотами до місця відкачування. Бджоли абсолютно спокійні, так як гніздова частина ціла і порядок там не порушений.

Невелика кількість бджіл, які присутні на медових рамках, легко і безболісно струшуються в вулик і рамочки відправляються в транспортні коробки. Далі підготовка рамок - обрізка запечатаних стілників. Потім медогонка і назад у вулик.

Ця робота найбільш приємна, хоча і не легка. Спостерігаючи за цим процесом можна подумати, що робота бджоляра саме в цьому і полягає. Бджоли носять мед, а ти знай собі забирай, тай весь клопіт.

Батько розповідав, що якось випадково почув розмову двох сусідок. Одна другій жалілася, чи може заздрила. Мовляв, Андрію бджоли носять мед, а він його продає, та ще й гроші має. Ви розумієте, бджоли носять на дурняк мед, а він за це ще й гроші має. Ось так деякі споживачі меду думають про пасічників та їхню роботу. Так і хочеться сказати: «То візьміть і Ви заведіть бджіл. Та хай і Вам вони носять мед на дурняк. Це так просто. Чому Ви цього не робите?». Чомусь згадалося. Навіть не знаю і чому. То таки по темі медозбору.

Відкриваю запечатані стільники

А ось і перші краплини дивного меду

Бджолина подяка вже зібрана

Для прискорення загального процесу відбору меду, при поверненні рамок з бджолиними сотами, я не займаюся розстановкою їх за номерами, а просто складаю в вулик. Вони, як і раніше залишаються за перегородкою. Заставну дошку не забираю. За ніч бджоли очистять воскові стільники від залишків меду.

Завтра по свободі, швидко і без метушні я розставлю рамки по порядку, відновлю бджолиний порядок і витягну заставну дошку. Бджоли будуть спокійні, миролюбні і навіть вдячні за звільнення місця для нового меду. Ось так я відкачую мед у своїх бджіл. І мені здається, що бджолам це навіть подобається.

Незважаючи на те, що я відібрав мед, бджоли зовсім мирні і зовсім не злі

Я вже писав про те, що мої бджоли часто мене ні разу не ужалять в процесі відкачування меду. Ви не повірите, але мені доводиться пожертвувати десяток другий бджіл з різних вуликів для проведення терапевтичних заходів.

Я ловлю бджіл пінцетом і пускаю їх собі на руки. Напевно, це виглядає жорстоко з мого боку, але треба ж себе тримати у формі.

ПІДСУМОК.

Кілька головних моментів мого методу відбору меду:
- ✓ Воскові стільники з розплодом і медом - гніздо, на передодні відбору відділяю від інших стільників перегородкою;
- ✓ Не за яких умов я не забираю мед із гніздової частини!;
- ✓ На наступний день, після відкачування меду, встановлюю всі рамки з бджолиними сотами на свої місця

При такому підході мої бджоли абсолютно спокійно переносять процес відбору меду. Поводяться миролюбно і не докучають своїми жалами не мені не моїм сусідам.

ЧОМУ БДЖОЛИ РОЯТЬСЯ?

Про роїння бджіл і ройовий стан [19,20,21] в літературі та інтернеті написано багато. Часто це переказ одних і тих же міркувань в тій чи іншій інтерпретації.

Книги, інтернет, бджолярі і науковці в один голос стверджують, що роїння - це інстинкт розмноження бджіл.

Таким чином, прийнявши це твердження, ми повинні погодитися з тим, що причиною переходу бджолиної сім'ї в ройовий стан є якийсь інстинкт розмноження і тому ми (люди) не можемо цим керувати. Він нам не підвладний. Це поклик природи. А як же тоді методи стимуляції штучного роїння узгоджуються з інстинктом розмноження? Щось тут не складається. Вам так не здається?

На мій погляд, таке пояснення цього явища, взагалі, не правильне. Я заперечую це твердження.

Бджолина сім'я ніколи не перейде в ройовий стан, якщо показники параметрів їх житла і навколишні умови будуть відповідати їх (бджолиним) вимогам.

Але так в житті, на щастя, не буває і тому бджоли все-таки рояться і це призводить до їх розмноження.

Я беру на себе сміливість стверджувати, що роїння бджіл - це процес, що викликається інстинктом самозбереження.

Коли бджолиній сім'ї стає не під силу проживання в конкретних умовах (спека, тіснота, вологість, холод, неспокійний бджоляр …) і бджоли не можуть повноцінно виконувати свої завдання (читай інстинкти), тоді бджолам нічого не залишається, як кинути це місце.

Бувають і такі випадки, як покинуті, повністю порожні вулики, але частіше все ж сім'я переходить в ройовий стан і ділиться на кілька сімей.

Що відбувається з бджолами, які живуть в лісі в дуплі дерева? Та нічого. До тих пір, поки об'єм дупла не буде повністю заповнений сотами і до тих пір, поки матка зможе в них відкладати яйця. Ніякого роїння для розмноження не відбувається.

А ось коли нової вощини нікуди буде відбудовувати, а воскові комірки, з яких народжуються бджоли, будуть зменшені через залишки коконів попередніх народжень до непристойності, ось тоді, для збереження сім'ї та виду включається інстинкт самозбереження, і бджолина сім'я переходить в ройовий стан та в результаті розділяється на багато сімей.

Нові сім'ї заселяють нові дупла, і так відбувається розмноження бджолиних сімей в природних умовах.

В ідеалі, якщо б ми могли забезпечити бджолину сім'ю нескінченним дуплом, то ці бджоли ніколи б не перейшли в ройовий стан. На щастя, дупла мають кінцеві розміри і тому бджоли рояться і розлітаються по лісах і...

Добре, скажете Ви, і що нам від цього? Чи інстинкт розмноження чи самозбереження, яка різниця? Результат один і той же.

Воно то так, але ж якщо прийняти першу тезу, то й зробити тут нічого бджоляр не може - природа, поклик предків, розмноження. Все, сиди і чекай, коли вийде рій або застосовуй всілякі різні прийоми щодо усунення ройового стану.

А ось, якщо погодиться з моїм твердженням про те, що роїння - це інстинкт самозбереження, то поміркувавши над цим неспішно, починаєш розуміти, що потрібно робити, щоб не доводити свої бджолині сім'ї до ройового стану.

А робити нічого особливого і не треба, треба створити своїм бджілкам комфортні умови проживання в вулику:
- ✓ Будиночок просторий, не жаркий з правильним сонцезахистом, доброю вентиляцією, правильно встановлений і пофарбований правильною фарбою;

- ✓ Дбайливе ставлення до бджіл підчас викачування меду;
- ✓ Свіжа, нова вощина;
- ✓ Спокій навколо вуликів;
- ✓ Неметушливий бджоляр, не треба турбувати своїх бджіл частими оглядами та перестановками рамок з бджолиними сотами.

Я створив для своїх бджіл комфортні умови. Бджоли мої не рояться з тих пір, як моя пасіка стала називатися найвільнішою пасікою в Світі.

З того моменту, як вони стали щасливими бджолами. Щасливим бджолам ніколи, та й нема чого роїтися. У них повно роботи вони можуть спокійно виконувати свою важливу місію.

Якщо мені треба отримати рій або збільшити кількість сімей я це роблю просто. Викликаю ройовий стан «штучно». Як це зробити? Багато хто про це знає, а хто не знає той знайде інформацію в будь-якій тямущій книзі по бджільництву.

Я ж хочу звернути Вашу увагу на те, що забезпечивши своїх бджіл комфортними умовами проживання, не турбуючи їх даремно ми можемо практично повністю позбавиться роіння.

І найголовніше, на мій погляд, це те що ми - бджолярі можемо керувати цим процесом свідомо, а не бути заручниками якогось там випадку або поклику предків.

Прийняття такого погляду на процес роїння, дозволяє пасічнику зайняти активну позицію усвідомленої дії на підставі розуміння причин цього явища.

Я можу припустити, що процесу роїння притаманний дуалізм властивостей, який викликає його. З одного боку, це інстинкт розмноження, якщо про нього так старанно говорять науковці. З іншого боку, це інстинкт самозбереження, про який кажу я.

Можливо, в одних умовах до роїння призводить інстинкт розмноження, в інших умовах роїння викликає інстинкт самозбереження.

Однак, я все ж залишаюся на своїх позиціях.

Роїння, як процес - є наслідок інстинкту самозбереження бджолиної сім'ї, а розмноження бджолиної сім'ї - є наслідок процесу роїння.

ПІДСУМОК

Роїння [19,20,21] - це інстинкт самозбереження бджолиної сім'ї. Іншими словами, це можна висловити так: інстинкт самозбереження бджолиної сім'ї запускає процес роїння, а результатом роїння є розмноження.

Таке тлумачення роїння бджіл прекрасно пояснює методи, запропоновані наукою для стимуляції штучного роїння. Всі вони засновані на погіршенні якості життя бджіл у вулику. Звернули увагу?

Мені і моїм бджолам подобається моє пояснення причин процесу роїння. Без такого підходу мені б не вдалося зробити бджіл щасливими.

Я забезпечив своїм бджолам комфортні умови проживання в вуликах. В результаті роїння не турбує не мене ні моїх бджіл.

Яблуневій цвіт та моя щаслива бджілка

КОРМ ДЛЯ ЩАСЛИВИХ БДЖІЛ.

Поділюся своїм досвідом приготування смачного і корисного корму для бджіл.

Іноді виникає необхідність підгодувати бджіл. Для цього існує безліч засобів і рецептів. Я ж хочу розповісти, як це роблю я. Можливо комусь із Вас, мої дорогі читачі, мій рецепт приготування корму для підгодівлі бджіл сподобається.

Я ж запевняю Вас, що бджолам такий смачний і корисний корм сподобається точно. Моїм бджолам він подобається. Я це знаю точно. Вони мені, тихенько, про це «розповідали».

Моя технологія приготування корму.

Корм я готую мінімум за 24 години до часу роздачі. Сироп готую на відварі трави Чебрець (Thymus serpyllum) в нього додаю мед і лимонну кислоту.

Наведу приклад приготування корму для зимової підгодівлі на порцію з 5 кг., цукру.

Для цього я беру 3,3 літра води, 5 грам лимонної кислоти, 2 столові ложки меду і дві щедрі щіпки сухої праві Чебрецю.

Відваживши п'ять кілограм цукру, пересипаю його в емальовану ємність. Три літри води в окремій ємності грію до кипіння. Після закипання, кидаю в ємність з киплячою водою, дві щедрі щіпки трави і варю її дві, три хвилини.

Потім швидко, через дрібне сито, виливаю цей відвар в ємність з цукром і дерев'яною лопаткою перемішую цю суміш до повного розчинення цукру. Відразу ж відправляю в розчин воду, що залишилася, в якій попередньо розчиняю 5 грам лимонної кислоти (1 грам лимонної кислоти на 1 кілограм цукру).

Старанно продовжую помішувати цей розчин. Коли температура розчину опуститься нижче сорока градусів, додаю в нього дві щедрі столові ложки меду і продовжую помішувати до повного розчинення меду. Потім накриваю ємність кришкою і залишаю в спокої на 24 години.

Ближче до вечора наступного дня я проводжу роздачу корму. Перед цим корм нагріваю до температури 35-37 градусів, але не більше і намагаюся, якомога швидше, (звичайно по можливості, швидко не завжди виходить) відправити його в годівниці.

Короткі пояснення технології

Зимову підгодівлю починаю 10-15 серпня. Початок зимової підгодівлі обґрунтований двома причинами:
- ✓ У другій половині серпня в моїх краях практично відсутня кормова база в навколишній природі;
- ✓ Почавши підгодівлю в другій половині серпня і розтягнувши її до кінця місяця, я тим самим стимулюють матку на активний посів яєць. В свою чергу це призводить до нарощування сили сім'ї саме серпневими бджолами, які будуть зимувати і вирощувати молодих бджіл навесні.

Співвідношення води і цукру для зимової підгодівлі 1:1,5, а для весняної 1:1. Концентрація сиропу для приготування корму вибрана не випадково.

У літературних джерелах стверджується, що саме при такій концентрації відбувається найменший знос робочих бджіл, які беруть участь в переробці цукрового сиропу в мед.

Додавання до сиропу натурального меду надає готовому корму приємний медовий аромат. При цьому ферменти, що знаходяться в меді, беруть активну участь в фізико-хімічних процесах, що відбуваються в цьому розчині. За добу цукровий сироп перетворюється на щось інше, це вже не просто сироп, це вже корм з певними властивостями.

Наприклад, в літературі вказується, що під впливом ферменту інвертази частина цукру за добу перетворюється в глюкозу і фруктозу. Саме цей фермент входить до складу меду. Без сумніву, і інші ферменти, що знаходяться в меді, впливають на властивості одержуваного корму.

Додавання лимонної кислоти в цукровий сироп призводить, як мінімум, до трьох позитивних ефектів:
- ✓ Наявність кислоти в цукровому сиропі попереджає або частково зменшує кристалізацію отриманого меду;
- ✓ Наявність кислоти сприяє процесу розкладання цукру на глюкозу і фруктозу;
- ✓ Кисла підгодівля корисно впливає на травний тракт бджоли. Сприяє очищенню кишечника. Це особливо важливо навесні. Сприяє підвищенню кислій реакції середовища в середній кишці, що в свою чергу, призводить до

того, що бджоли, які харчуються підкисленою їжею, в середньому живуть довше.

Застосування ароматної трави Чебрецю надає корму своєрідний смак і запах, який, судячи з усього, подобається бджолам. Крім того, ця лікарська трава має колосальний, оздоровчий ефект - перевірено на практиці.

Якось навесні захворіли і ослабли пару сімей. Явні ознаки бджолиного проносу. Що робити? Тоді я був бджолярем початківцем. Відповіді немає. Взяв і послухав свою інтуїцію. Приготував весняну підкормку з використанням відвару цієї чудової трави.

Стан сімей різко поліпшився - всього дві підгодівлі і бджоли перестали хворіти, стали активними і скоро наздогнали по розвитку своїх сусідів. З того часу я завжди готую всі бджолині страви тільки з використанням цієї трави.

А який смачний чай з цією ароматною травою?! Хто пробував, той зі мною погодиться.

Це моя улюблена трава, напевно, тому, що вона пахне дитинством. Я щороку, навесні (кінець травня), ходжу на заготівлю цієї трави.

Її повно на горбистих місцях, на їх південних схилах. Цю траву я використовую не тільки для бджіл і чаю, а й в якості приправи в кулінарних експериментах. Спробуйте, я впевнений, Вам сподобається.

Ну ось, мабуть, і всі мої секрети приготування смачного, ароматного і корисного корму для моїх бджіл.

Чебрець повзучий (Thýmus serpýllum).

ПІДСУМОК

Корм для своїх бджіл я готую з цукру і меду з додаванням лимонної кислоти на смачному та корисному відварі трави Чебрецю. Після двадцяти чотирьох годинної витримки ця суміш перетворюється в ароматний, смачний і корисний продукт для моїх щасливих бджіл.

ШВИДКЕ ПЕРЕНЕСЕННЯ ВУЛИКІВ.

Ви, напевно, знаєте, як бувалі мисливці або рибалки, зібравшись в компанію, десь на березі або в полі, люблять розповідати про свої трофеї реальні або трохи вигадані. При цьому всі ці розповіді переповнені живими і часом дуже навіть смішними подробицями. Слухати такі історії одне задоволення.

Так і бджолярі на виїзній (кочовій) пасіці, після важкого робочого дня, зібравшись біля багаття, частенько розповідають різні випадки зі свого бджолярського досвіду.

Розповіді бджолярів бувають не менш смішними і цікавими, ніж у рибалок або мисливців. Уважний слухач таких історій може дізнатися багато корисних подробиць з практики бджільництва.

Так ось, в одній з таких компаній, старий бджоляр розповідав, як він за один вечір переніс всі свої вулики на нове місце і при цьому абсолютно не втратив льотних бджіл.

Слухачі сміялися над ним, і ніхто йому не повірив. Розповідь назвали фантастичною і дружно відкинули його аргументи.

Мені ж, розповідь старого пасічника не здалася вигадкою, і при першому зручному випадку я випробував його метод перенесення вуликів.

Підтверджую. Він працює. Я використовував цей метод неодноразово.

У практиці бджоляра бувають випадки, коли потрібно переставити вулики. Ця невелика робота іноді вимагає багато днів.

Пам'ятаю, коли ми це робили з батьком, то «переїзд» вулика на один метр вимагав 4-5 днів. Все відбувалося у вечері, коли саме ми з товаришами розважалися на вулиці. Як я сердився щоразу, коли батько кликав мене допомогти йому в цій справі. Треба було кидати дитячі забави, які саме були у розпалі.

За теорією мого батька, переміщення вулика за один раз не повинно було бути більше 10-20 сантиметрів. Причому це робилося один раз в кінці дня, коли всі льотні бджоли збиралися в вулику. Напевно, багато хто і зараз, так пересувають свої вулики.

А між тим, є простий і дієвий метод для переставляння вулика за один раз на будь-яку відстань.

Я цю процедуру роблю удвох з помічником. Найчастіше, в ролі помічника виступає мій син. Зазвичай це відбувається пізно у вечері, після повернення всіх льотних бджіл.

Відразу відносимо вулик на заздалегідь підготовлене місце. Далі, на прилітну дошку переміщеного вулика я встановлюю, яку-небудь перешкоду для бджіл.

Бджоляр в своїй розповіді згадував суху траву та сухе листя. Я впевнений в тому, що в цьому випадку, важливий сам елемент перешкоди, елемент новизни для бджіл.

Суху траву або листя легко здуває невеликий вітерець. Тому я використовую для цих цілей невеликий клубок тонкого дроту, який легко закріпити на прилітній дошці. Можна придумати все що завгодно.

Мій клубок дроту

Ключ до цього методу полягає в тому, що кожен раз, зустрічаючи перешкоду при виході з вулика, бджоли перевіряють налаштування своїх «навігаторів» і налаштовують їх заново.

Іншими словами, поводяться так, як при першому обльоті. Поспостерігайте, і Ви самі переконаєтеся в цьому. Рух бджіл і характер польоту буде таким же, як при першому вильоті.

Це підтверджує і той факт, що льотні бджоли не повертаються на старе місце, а впевнено прямують до свого вулика на новому місці.

На старому місці зберуться тільки ті бджоли, які ночували в полі. Таких, як відомо, небагато, тому втрати будуть незначними.

Однак, при бажанні можна і цих бджіл зібрати в порожній невеликий вулик. Для цього порожній вулик з декількома стільниковими рамками ставимо на старе місце. А потім пересипаємо, зібраних бджіл в той вулик, що переставляли.

Одначе, на мій погляд, це зайвий клопіт. Бджоли з поля повертаються додому з медом і їх, через деякий час, з радістю приймуть в інші вулики.

Ось так легко і швидко, при необхідності, я переставляю свої вулики. Мої бджоли на цей метод скарг не подавали. Отже, метод хороший.

ПІДСУМОК

Суттєва перешкода для бджіл біля виходу з вулика - ключ до методу швидкої перестановки вуликів. Наявність перешкоди змушує бджіл перелаштувати координати своїх «навігаторів». Ось і весь фокус. Працює безвідмовно.

ПРОСТА І ЗРУЧНА ПОЇЛКА

У своєму бджолиному господарстві я застосовую просту, і головним чином, зручну для бджіл поїлку.

Звичайна пляшка, наповнена водою і закрита товстою м'якою тканиною. Бджолам не треба взагалі нікуди летіти, «вийшов» спокійно з «двома відрами», зачерпнув і спокійно повернувся у вулик.

Зручно, далеко летіти не треба.

Буває в спекотні дні, пляшку води сім'я може осушити за день. Можливо, наповнювати пляшки кожен день клопітно, однак, чого не зробиш для своїх улюблених бджіл. Мені це не важко і навіть приємно.

Крім того, за швидкістю зникнення води можна, оцінити стан справ у вулику. Якщо в конкретному вулику вода з пляшки стала зменшуватися повільніше, ніж раніше, то це привід заглянути в нього і провести огляд стану сім'ї.

Спостерігаючи за швидкістю зменшення води в усіх вуликах можна провести порівняльний аналіз розвитку бджолиних сімей на своїй пасіці. Такий експрес-аналіз допомагає мені помітити непередбачені зміни в тому чи іншому вулику.

Ця поїлка зручна для бджіл і корисна для уважного бджоляра.

Ви можете не погодитися зі мною, стверджуючи, що такі поїлки доцільно застосовувати на невеликих домашніх пасіках. Однак, цей факт, абсолютно не зменшує практичну користь такого методу роздачі води бджолиним сім'ям.

ПІДСУМОК

Поїлка з простої пляшки спрощує життя бджолам, а для уважного бджоляра може служити індикатором стану справ в бджолиній сім'ї. За такі поїлки, я отримую тільки подяки від моїх щасливих бджіл.

ПОМИЛКА СТАРОГО ПАСІЧНИКА

Ця історія не зовсім вписується в тему цієї книги про моїх щасливих бджіл, але вона, на мій погляд, дуже повчальна для молодих бджолярів. Хоча, як буде видно з розповіді, про це можуть не знати навіть і досвідчені старі пасічники.

Зовсім недавно зустрів я свого старого приятеля. Ми знайомі з ним дуже давно з часів нашої молодості. Хоча живемо ми в одному місті, але бачимося рідко, і зустрічі наші носять випадковий характер.

Так сталося і цього разу. Розговорилися, обмінялися новинами і в розмові вийшли на спільну тему. Виявилося, що він з батьком, якому вже близько 80 років займається бджільництвом.

Точніше він допомагає своєму батькові в роботі з бджолами. Я був приємно здивований такій новині та почав розпитувати про стан справ на їхній пасіці. Розмова пожвавішала, адже ми говорили про бджоли, а що може бути цікавіше.

І ось, Микола, так звуть мого приятеля, розповів про проблему, яку їм з батьком ніяк не вдається вирішити.

Суть проблеми: в одному з вуликів пропала бджолина королева, сім'я осиротіла. Виявивши пропажу, бджолярі встановили у вулик рамку з бджолиними сотами з іншого вулика зі свіжопосіяними яйцями. Для того, щоб бджоли на їх основі змогли вибудувати маточники і вивести собі нову бджолину матку. Це зрозуміло. Але що сталося далі?

Через деякий час, оглянувши цю рамку з бджолиними сотами, вони заспокоїлися. На ній бджоли побудували і запечатали кілька маточників. Все йшло за планом, але на наступний день неспокійний старий бджоляр знову провів огляд і був вкрай засмучений - всі маточники були знищені.

Вони повторили все знову. І в цей раз всі події повторилися. Бджоли відбудували маточники, а потім їх знищили. Що робити?

Бджолярі, для прискорення процесу виведення бджолиної матки, встановили рамку з готовим, майже дозрілим, маточником. При черговому огляді, старий бджоляр, мимоволі став свідком виходу молодої матки. Батько з сином зраділи, зраділи і бджоли.

Життя всередині вулика закипіло, відновилася активність польотів. Хоча сім'я і ослабла за цей період, проте, поява бджолиної королеви відчули і бджоли, і бджолярі. Яке ж було розчарування старого бджоляра, коли через пару днів вулик знову затих, і з'явилися ознаки безматочної сім'ї.

А після пильного огляду мій оповідач знайшов на дні вулика мертву бджолину матку. Ось це все він мені розповів і поскаржився на прикру ситуацію.

Я запитав у нього чи встановлювали вони у вулик рамки з бджолиними сотами на яких були свіжі бджолині яйця і личинки, після того, як бджоли побудували маточники або після виходу молодої матки?

«Ну звичайно» - здивовано відповів він. Адже треба ж було відновлювати бджолине потомство, поки в вулику немає матки. Почувши цю відповідь, мені зразу стала зрозуміла причина їх невдалих спроб по виведенню нової бджолиної королеви.

Справа в тому, що у мене, на початку самостійної бджолярської діяльності, була схожа проблема.

Тоді я, поміркувавши над такою ситуацією, прийшов до висновку, що як тільки в вулику з'являються свіжі яйця, і личинки, бджоли відразу знищують маточники або вбивають неплідну матку. Вони очевидно «думають», якщо у нас є свіжі яйця, значить нам уже не треба бджолиної матки.

Про це я і розповів своєму приятелеві. Він страшенно здивувався моїй розповіді. Навіть трохи обурився, мовляв, хіба мій батько не знає про це, адже він вже більше шістдесяти років займається бджолярством.

Виявилося, що не знає. Можливо, до цього часу він жодного разу не потрапляв в таку ситуацію. Мені здалося, що, приятель не надто зрадів моїй розповіді, хоча і обіцяв передати мої порада своєму батькові.

А порада була проста. Поки молода бджолина матка не почала сіяти яйця, ні в якому разі у вулик не можна встановлювати рамки з бджолиними сотами, на яких є свіжі бджолині яйця.

Всякий раз це буде призводити до знищення неплідної матки. Це ж правило відноситься і до бджолиних маточників. При появі у вулику рамок з сотами зі свіжими яйцями та розплодом бджоли будуть знищувати маточники.

Можливо, бувають з цього правила винятки. Можливо, саме вони допомагали старому пасічнику не потрапити в ситуацію, в якій він опинився в цей раз.

Я про такі винятки не знаю. Мені було досить наступити на ці граблі один раз, щоб більше не повторювати таких експериментів.

Але, усе-таки, цей випадок має пряме відношення до моїх щасливих бджіл. Розважте самі, якщо я не потрапляю в таку ситуацію вже багато років, значить у моїх бджіл все в порядку, і якщо мені потрібно вивести молоду матку, то у моїх бджіл це відбувається без описаних вище мук. Отже, життя у моїх бджіл, мабуть, таки хороше. Чи можна це стверджувати? Думаю так.

ПІДСУМОК

Поки молода бджолина матка не почала сіяти яйця, ні в якому разі у вулик не можна встановлювати бджолині стільники зі свіжим посівом. Це ж правило стосується і бджолиних маточників. Кожного разу така дія буде призводити до знищення неплідної матки або бджолиних маточників. [15,16,17,18]

КІНЦЕВІ УЗАГАЛЬНЕННЯ

Мої бджоли найщасливіші бджоли. Про це я неодноразово говорив протягом усього короткого оповідання.

Я сподіваюсь, що ця історія про моїх бджіл і про мене була для вас пізнавальна, цікава і, можливо, іноді весела.

Мені хотілося поділитися з Вами своїми знахідками, прийомами, методами і поглядами, які, допомогли мені зробити своїх бджіл добрими, миролюбними, ефективними в роботі, спокійними і, безсумнівно, щасливими.

Я абсолютно впевнений в тому, що всі мої прийоми мають універсальний характер. Тому їх можна, в тій чи іншій мірі, застосовувати до вуликів будь-якої конструкції, на будь-яких пасіках і в будь-яких умовах.

Протягом всієї розповіді я намагався звернути Вашу увагу на деякі важливі моменти практичного бджільництва, які, по суті своїй, є фундаментальними для бджолиного благополуччя.

Чи вдалося мені це? Вирішувати Вам. Ваше право скористатися цими знахідками чи ні, але від цього зміст і важливість моїх підходів не зменшиться. Для мене та моїх бджіл то таки точно.

Всі вони перевірені на практиці і принесли мені і моїм бджолам щасливе співіснування. Я з радістю і з любов'ю в серці, дарую їх Вам.

З Вашого дозволу, я коротко згадаю все те, що я зробив для своїх бджіл:

- ✓ Я пофарбував вулики правильною фарбою і досяг тим самим, кількох важливих цілей. Захистив корпус вулика від несприятливих кліматичних впливів, дозволив йому «дихати», захистив бджолину сім'ю від впливу електричних полів, спростив бджолам просторову орієнтацію і надав уликам гарний естетичний вигляд.
- ✓ Я встановив вулики оптимальним способом. Що дозволило збільшити робочий час бджіл, виключити несприятливий геопатогенний вплив, захистити бджіл від перегріву в спекотні дні і зменшити вплив на бджіл атмосферної електрики.
- ✓ Під час вилучення меду з вуликів я не створюю надмірного занепокоєння бджолиним сім'ям. Для цього проводжу попередню підготовку і використовую принцип медиків – «НЕ НАШКОДЬ». При цьому ніколи не забираю увесь мед.
- ✓ Моя поїлка допомагає мені проводити експрес-аналіз стану бджолиних сімей, а бджолам дозволяє легко та зручно приносити воду в вулик.
- ✓ Мій метод перенесення вуликів полегшує життя мені і моїм бджолам. Вони спокійно сприймають цю процедуру.

- ✓ Моє пояснення процесу роїння бджіл дозволяє пасічнику зайняти активну позицію усвідомленої дії, на підставі розуміння причин цього явища. Це пояснення дає можливість пасічнику створити комфортні умови проживання для своїх бджіл, та свідомо запобігати ройового стану.
- ✓ І нарешті, корм, приготовлений на основі відвару трави Чебрець смачний і корисний. При цьому він працює, як універсальний засіб для запобігання бджолиних хвороб.

А ще мені хотілося звернути Вашу увагу на те, що ідея розведення бджіл заради поліпшення навколишньої природи не позбавлена сенсу і має право на існування.

Такий підхід не вимагає відмови від отримання меду, ні. Він докорінно змінює відносини між пасічником і бджолами. При такому ставленні бджола стає центром уваги, а мед - результатом її дії.

Цей підхід дозволив мені зробити своїх бджіл щасливими. Вони спокійно виконують завдання по гармонізації навколишньої природи. Мені ж приємно усвідомлювати свою причетність до бджолиної магії, яка наповнює світ любов'ю і гармонією життя.

Пропоную не дивитися на бджіл, як на інструмент для добування меду. Наші бджоли - наші хороші і вірні друзі.

Давайте разом з ними, в міру своїх сил і здібностей, робити наш Світ кращим.

Що Ви на це скажете? Мені особисто така ідея до душі.

Буду радий, якщо мені вдалося звернути Вашу увагу на важливі моменти з яких складається бджолине щастя.

Нехай ваші бджоли будуть щасливими, а навколишній Світ кращим. Зробіть своїх бджіл щасливими, і вони відкриють Вам Радість Життя!

Бажаю Вам і Вашим бджолам щастя, добра і здоров'я.

Щоб краще в світі жилося

ПІСЛЯМОВА

Ось і закінчилася історія про те, як я зробив своїх бджіл щасливими. Я щиро дякую Вам за те, що ви прочитали мою книгу до кінця. Сподіваюся на те, що Ви знайшли для себе і для своїх бджіл, ті чи інші, корисні відомості.

Я буду вдячний, якщо Ви віднайдете час щоб поділитися своїми думками про мою роботу і про мої підходи до справи пасічника. Ваша думка для мене така ж важлива, як для бджіл турбота бджоляра.

Ваші відгуки можуть допомогти іншим бджолярам познайомиться з моєю книгою. Я маю надію на те, що це збільшить кількість щасливих бджіл в нашому Світі.

Бажаю всім Вам, мої дорогі, читачі, здорових і щасливих бджіл, духмяного меду і синього неба.

З повагою та любов'ю до Вас,
Peter Grayman.

Непроста робота - покращувати Світ.
Потрібно і перепочити

Про автора

Peter Grayman - це мій літературний псевдонім. Дослівно я його трактую як Петро Сивий чоловік. Чому так? Тому, що я дійсно сивий чоловік.

Я інженер, мене з дитинства тягнуло до техніки, до приладів і радіодеталей. Після служби в армії я закінчив коледж за спеціальністю технологія мікроелектронних пристроїв, а потім університет за спеціальністю квантова радіофізика.

Працювати доводилося в різних інженерних групах і лабораторіях. Пощастило брати участь в Міжнародному космічному проекті «Фобос».

Програма передбачала співпрацю з 14 країнами, включаючи Швецію, Швейцарію, Австрію, Францію, Німеччину та США. Я працював в групі з розробки та виготовлення деяких вузлів і блоків сонячного телескопа.

Телескоп був встановлений на супутнику «Фобос-1» і повністю виконав свою місію вивчення сонця.

Я зовсім не збирався ставати бджолярем. Однак життя вирішило по-іншому. Тепер я бджоляр аматор.

Я пройшов шлях від початківця, до бджоляра, який тримає своїх бджіл для того, щоб в світі краще жилося.

Мої щасливі бджоли спокійно виконують свої задачі по гармонізації навколишньої природи. Мені ж приємно усвідомлювати причетність до бджолиного мистецтва, яке наповнює світ любов'ю та гармонією життя.

Красуня і Сонце

Література

1. Natural electric field of the Earth https://en.wikiversity.org/wiki/Natural_electric_field_of_the_Earth, Natural electric field of the Earth https://encyclopedia2.thefreedictionary.com/Electric+Field+of+the+Earth
2. Atmospheric electricity https://en.wikipedia.org/wiki/Atmospheric_electricity
3. Aplin, K. L.; Harrison, R. G. (2013-09-03). Lord Kelvin's atmospheric electricity History of Geo- and Space Sciences. https://www.hist-geo-space-sci.net/4/83/2013/hgss-4-83-2013.htmlmeasurements.
4. Fricke, Rudolf G. A.; Schlegel, Kristian (2017-01-04). «Julius Elster and Hans Geitel – Dioscuri of physics and pioneer investigators in atmospheric electricity». History of Geo- and Space Sciences https://www.hist-geo-space-sci.net/8/1/2017/.
5. Jean-Louis Le Mouël, Dominique Gibert, Jean-Paul Poirier (2010). «On transient electric potential variations in a standing tree and atmospheric electricity». Comptes Rendus Geoscience 342: 95-9. Retrieved 2014-12-13. http://citeseerx.ist.psu.edu/viewdoc/download;jsessionid=5E2E5F96F124189FE599340E522C9B5C?doi=10.1.1.714.497&rep=rep1&type=pdf
6. R. S. Pickard «Bees, magnetism and electricity» [1977] Pickard, R. S. Central Association of Bee-keepers [Corporate Author]
7. Barbarovich Yu.K. Hives, bees and an electric field / A.N. Ivlev «In the wonderful world of bees», Lenizdat, 1988., http://www.paseka.org/v-chudesnom-mire-pchyol/read#76
8. Bumble-bees use their fuzz to detect electric fields http://physicsworld.com/cws/article/news/2016/jun/07/bumblebees-use-their-fuzz-to-detect-electric-fields

9. Bees and electric field
http://www.emfs.info/effects/agriculture/bees/

10. Ernst Hartm ann: Journal weather-ground-human, issue 5-2002, How it all began - The importance of the pathogenic irritation lines in the medical practice.

11. The magnetic field of the earth Lattice structures of the earth magnetic field,
http://erdmagnetfeld.pimath.de/global_grids.html
Copyright © Klaus Piontzik

12. Earth Rays , https://swissharmony.com/earth-rays/

13. GEOPATHIC STRESS by Richard Creightmore, https://www.landandspirit.net/html/geopathic_stress.html

14. Geopathic Stress and the Optimal Location of Beehives according to the Principles of Geomancy, https://www.landandspirit.net/html/beehive-location.html

15. Bees get a buzz out of electricity from flowers https://www.mnn.com/earth-matters/animals/stories/bees-get-a-buzz-out-of-electricity-from-flowers

16. Bees Can Sense the Electric Fields of Flowers http://phenomena.nationalgeographic.com/2013/02/21/bees-can-sense-the-electric-fields-of-flowers/

17. Walsh, Bryan (7 May 2013). «Beepocalypse Redux: Honeybees Are Still Dying — and We Still Don't Know Why». Time Science and Space. Time Inc. Retrieved 21 June 2013.
http://science.time.com/2013/05/07/beepocalypse-redux-honey-bees-are-still-dying-and-we-still-dont-know-why/

18. Beekeeping collection at the National Library of Scotland https://digital.nls.uk/moir/

19. Villa, José D. (2004). «Swarming Behavior of Honey Bees (Hymenoptera: Apidae) in Southeastern Louisiana». Annals of the Entomological Society of America. 97 (1): 111–116. doi:10.1603/0013-8746(2004)097[0111:SBOHBH]2.0.CO;2 https://academic.oup.com/aesa/article/97/1/111/11469

20. Avitabile, A.; Morse, R. A.; Boch, R. (November 1975). «Swarming honey bees guided by pheromones». Annals of the Entomological Society of America. 68 (6): 1079–1082. DOI:10.1093/aesa/68.6.1079 https://academic.oup.com/aesa/article/68/6/1079/47316

21. Seeley, Thomas D.; Visscher, P. Kirk (September 2003). «Choosing a home: How the scouts in a honey bee swarm perceive the completion of their group decision making». http://bees.ucr.edu/reprints/bes54.pdf

22. Biolocation, Dowsing https://wikivisually.com/wiki/Dowsing, https://en.wikipedia.org/wiki/Dowsing

ДЛЯ НОТАТОК

www.ingramcontent.com/pod-product-compliance
Lightning Source LLC
Chambersburg PA
CBHW040318220526
45473CB00009B/2484